7

Lk 1606.

LETTRE

A M. E.-J. FAILLY,

Inspecteur des Douanes,

Membre de la Commission Historique du département du Nord,

Au sujet de son ouvrage intitulé :

ESSAI ARCHÉOLOGIQUE

SUR

L'IMAGE MIRACULEUSE DE NOTRE-DAME-DE-GRACE

DE LA CATHÉDRALE DE CAMBRAI,

PAR M. L'ABBÉ **CAPELLE**,

Prêtre auxiliaire du Diocèse de Cambrai.

CAMBRAI,

IMPRIMERIE DE C.-J.-A. CARPENTIER, GRAND'PLACE, 76.

1845

A Monsieur Failly, Inspecteur des Douanes, Membre de la Commission Historique du département du Nord, au sujet de son ouvrage intitulé : Essai archéologique sur l'Image miraculeuse de Notre-Dame-de-Grace de la Cathédrale de Cambrai.

MONSIEUR,

On m'a montré, il y a quelques jours, un opuscule intitulé : *Essai archéologique sur l'Image miraculeuse de Notre-Dame-de-Grace de la Cathédrale de Cambrai*, et dont vous êtes l'auteur. Cet écrit, qui m'était tout-à-fait inconnu, je viens de le parcourir, et je prends la liberté de vous adresser quelques observations que j'ai faites en le lisant. Vous voudrez bien pardonner à la franchise que le seul amour de la vérité a inspirée.

Ce n'est pas que j'aie la prétention d'examiner votre Essai sous le rapport archéologique : je n'ai pas de connaissances qui me permettent de contrôler vos raisonnements dans cette science; je ne l'envisagerai que sous le point de vue historique.

I. Vous dites (page 10) en parlant de l'image de la Ste-Vierge : « Elle y resta (dans la chapelle de la Trinité) » long-temps déposée, puisque ce ne fut qu'au commence- » ment du 18ᵉ siècle qu'elle eut dans la Cathédrale une » chapelle spéciale, qu'on nomma chapelle de Notre-Dame- » de-Grace. » La Sainte-Image demeura toujours en la chapelle dans laquelle elle avait été déposée en 1452 ; elle ne fut point transportée ailleurs. Cette chapelle était ordinairement désignée sous le nom de Notre-Dame-de-Grace, mais on l'appelait encore chapelle de la Trinité; Julien Deligne lui donne ces deux vocables, et M. Le Glay, dans ses *Recherches sur la Métropole*, ne la désigne pas autrement que sous le nom qui lui fut donné par son fondateur Pierre d'Ailly; et votre assertion de la page 10 se trouve contredite par une autre de la page 36, où vous parlez de la disparition de l'épitaphe de Fursy de Bruile, donateur de la sainte Image.

II. « Ce petit tableau, dites-vous (page 37), de simple » ornement qu'il était d'abord, finit par paraître aux yeux » de quelques esprits peu éclairés le principal objet du culte » dans la Métropole. » Je ne vois pas ce qui a pu vous faire avancer cette proposition : le principal objet du culte dans la Métropole, a toujours été pour tous, comme dans les autres temples catholiques — Dieu ! Sans doute, cette

Image était vénérée, comme l'Eglise veut que l'on vénère les images; elle l'était d'autant plus qu'une pieuse tradition la disait peinte par un évangéliste; mais elle n'a jamais été le principal objet du culte, pas plus qu'aujourd'hui dans notre Métropole; et les esprits les plus simples n'ont jamais pu s'y tromper.

A la page précédente (page 36) vous insinuez « que la » renommée de cette Sainte-Image aurait été croissante en » raison de l'intervalle du temps qui la séparait de son » origine. » Mais vous avez lu ce que les chroniques nous disent des honneurs rendus à cette Image dès le commencement de son séjour à Cambrai : en 1452, le clergé va la chercher en cérémonie et la dépose solennellement dans la chapelle qui lui est destinée ; cinq ans après sa translation, Philippe-le-Bon, duc de Bourgogne, se prosterne devant elle et la salue; vingt ans plus tard, un roi de France dépose dans son sanctuaire un *ex voto* du prix de douze cents écus d'or. Sans doute sa célébrité devint plus grande en 1649, parcequ'alors la cité entière, délivrée des malheurs d'un siège qui commençait à se prolonger , attribua à sa patronne l'heureux secours qu'elle reçut d'une manière qui pouvait passer pour miraculeuse.

III. Vous dites (page 36 encore) : « Depuis cette époque » (1649) le chapitre de la Métropole, forcé de fléchir sous » le poids de cette célébrité, aura cru devoir, autant qu'il » lui était possible, chercher à éloigner la preuve d'une » origine , qui , bien que respectable, n'avait pourtant » rien de saint ni de prestigieux , et l'occasion s'en est » présentée en 1743. » Je tremble en analysant cette phrase, car je crains de ne pas vous comprendre. Voulez-...

dire par ces mots : « forcés de fléchir sous le poids de cette
» célébrité, » que le vénérable chapitre de la métropole,
voyait de mauvais œil la grande dévotion que Cambrai
avait à cette image? Mais ce chapitre ne donnait-il point
l'exemple de cette dévotion, lui qui plaçait l'image de
Notre-Dame-de-Grace sur ses monnaies, sur ses armoiries,
lui qui la portait en grande pompe à ses processions? De
tout temps, il se montra plein de zèle pour la gloire et
l'honneur de cette Reine du Ciel, et Julien Deligne et l'abbé
Mutte nous disent les précieuses offrandes que bon nombre
de ses membres firent à la chapelle de la Sainte-Vierge.

Selon vous, « il chercha à éloigner la preuve de l'origine
» de cette image. » Votre intention, Monsieur, est-elle de
dire que le chapitre voulait tromper les fidèles, en leur
persuadant, par exemple, que cette madone était à
Cambrai de temps immémorial, ou même tombée du Ciel?
Ce corps si distingué par sa science et ses vertus, est au-
dessus d'une semblable insinuation. « L'occasion favorable
» s'est présentée, » dites-vous. Mais admettons, pour un
moment, qu'une piété peu éclairée ait pu conseiller au
chapitre une semblable fraude : croyez-vous que l'esprit
frondeur des bourgeois cambresiens, presque toujours en
lutte avec les chanoines, n'aurait point découvert et persifflé
cette supercherie indigne d'un chrétien et surtout d'un prêtre?
Au reste je veux vous laisser l'honneur d'avoir fait justice
vous-même d'une supposition si offensante pour le clergé
de Cambrai. En effet à la page 37 vous dites : « partout où
» les écrivains, soit clercs, soit laïques, ont parlé de la
» tradition qui fesait saint Luc peintre de la madone de Cam-
» brai, ils ont toujours ajouté : *pie credentes, ut pie creditur;*
» aucun n'a induit le peuple en erreur. » Vous conviendrez

donc sans peine avec moi qu'au lieu de vous perdre dans
de pareilles suppositions, à propos du renouvellement d'un
pavé, vous auriez pu dire avec beaucoup plus de justice et
de vraisemblance : « Le siège de 1649 ajouta à la célébrité
» de la Sainte-Image ; les dons des fidèles décorèrent sa
» chapelle avec une magnificence telle, que le chapitre crut
» devoir renouveler le pavé, pour le mettre en harmonie
» avec le reste de la décoration. » Vous auriez pu ajouter :
» Je regrette que dans ce changement on ait fait disparaître
» l'épitaphe de Fursy de Bruile ; les plus simples fidèles
» ne devaient jamais oublier la mémoire de celui à qui ils
» étaient redevables de la Sainte-Image devant laquelle ils
» s'agenouillaient si pieusement, et recevaient les faveurs
» obtenues du Ciel par Marie dont elle leur offrait la ressem-
» blance. » Il me semble que ceci eut été plus rationnel.
Mais en donnant la raison de ce changement, vous ajoutez :
« L'évidence d'une telle origine pouvait, dans l'esprit des
» populations, paraître en opposition avec l'éclat des miracles
» qu'elle croyait devoir à la puissante intercession de l'image
» de Notre-Dame-de-Grace. » Outre que, selon la foi, on
n'obtient pas de miracles par l'intercession d'une image, il
faut dire que, si votre pensée est vraie, nos Cambresiens, du
temps de Vanderbuch et de Fénelon, étaient bien peu éclairés
en religion, puisqu'ils auraient eu besoin pour se maintenir
dans leur piété et leur dévotion à Marie, d'une madone
dont l'origine fut environnée de tout ce qu'il y a de plus
prestigieux. Certes, Monsieur, ce n'est pas vous qui oseriez
accuser Fénelon d'avoir voulu, lui aussi, faire oublier la
modeste origine de la Ste-Image ; et cependant, chaque jour,
ce saint prélat célébrait la messe en la chapelle de Notre-
Dame-de-Grace. Il y aurait ici bien des choses à faire re-

marquer encore; mais je ne veux pas être trop long, je passe à un autre point.

IV. A propos des médailles frappées en l'honneur de la Ste-Vierge, lors des sièges de 1649 et 1676, vous dites (page 33) : « Il est à remarquer que les sièges célèbres de 1581 et » de 1595 , et ceux antérieurs n'ont pas donné lieu à » l'émission de médailles spéciales en l'honneur de la Ste-» Image. Peut-être que sa renommée aura eu besoin, pour » grandir dans l'esprit et dans la confiance des populations, » que quelques siècles séparassent le moment de sa modeste » entrée dans la métropole, de celui où de grands honneurs » publics lui furent rendus. » Dans cette dernière phrase, vous renouvelez l'insinuation que je viens de réfuter , insinuation, vous en conviendrez, fort peu bienveillante pour l'ancien chapitre métropolitain. Mais prenons l'histoire de Cambrai, et cette histoire à la main, nous pourrons tirer des inductions qui, j'espère, feront évanouir votre hypothèse.

Au siége de 1581, Cambrai était sous la domination Française depuis quelque temps seulement ; la prise de notre cité par les Français avait été ménagée par le baron d'Inchy : ce tyran de la contrée avait forcé le bon prélat Louis de Berlaimont à s'enfuir au Câteau ; il avait fait piller par la soldatesque , l'archevêché, les maisons des chanoines et des bourgeois ; on savait de quelle manière déloyale et perfide ce même baron s'était emparé de la citadelle et avait introduit de la garnison dans la ville ; les troupes que Louis de Berlaimont avait engagées à venir s'emparer de Cambrai , pour délivrer ses ouailles du joug qui pesait sur elles, furent forcées de lever le siége ; et cette retraite, pour nos vieux Cambresiens, a dû être plutôt une calamité que toute autre chose. Comment, alors, ceux-ci auraient-ils fait frapper des médailles qui auraient témoigné de leur reconnaissance envers leur patronne ? On en frappa une, il est vrai, avec cette inscription : *Deo et Francisco liberatoribus, Cameraci à perfidis obsessi.* Mais cette médaille ne put être frappée que par les autorités françaises ; les Cambresiens, qui n'aimaient pas le duc d'Alençon, qui se voyaient toujours privés de leur bon archevêque, ne prirent pas plus de part à l'émission de cette médaille que les nations vaincues n'en prenaient à l'émission de celles que frappait Napoléon en mémoire de ses conquêtes.

Quant au siége de 1595, on sait en quel état se trouvait la cité quand les Espagnols y entrèrent après les lâchetés de Balagny : les bourgeois accusaient le clergé de tous leurs maux, parceque, disaient-ils, le clergé ne pouvait jamais les secourir ; le peuple se donnait au roi d'Espagne, l'archevêque envoyait une ambassade à ce prince pour soutenir sa souveraineté : il n'est pas étonnant qu'au milieu de ces troubles, on n'ait pas frappé de médailles en l'honneur de Notre-Dame-de-Grace ; le clergé, dont le concours était nécessaire, ne pouvait, certes, pas donner la main à cette manifestation. Arrivèrent les siéges de 1649 et de 1657. Vous savez comment le comte d'Harcourt et Turenne se retirèrent loin des murs de Cambrai. On frappa des médailles ; il devait en être ainsi : Cambrai restait libre, indépendant, il se croyait redevable de ces bienfaits à sa protectrice Notre-Dame-de-Grace ; les démonstrations de sa reconnaissance n'ont rien qui étonne, comme ne doivent pas étonner non plus son indifférence et sa tiédeur en 1581 et en 1595.

V. A la page 22, en parlant de la maison de Lorette, vous

dites : « Il n'entre guère dans le cadre de ce travail de
» discuter le fait des migrations successives de la maison de
» la Ste-Vierge, » et deux pages plus loin, voici ce que
vous avancez : « L'église de Notre-Dame-de-Lorette que la
» piété crédule des chrétiens du treizième siècle supposait
» avoir été, par les anges, enrichie de l'humble habitation de
» la Vierge Marie, ne devait très probablement cette pré-
» cieuse relique qu'au retour tout récent des croisés que les
» infidèles venaient de chasser de la terre sainte...... Ils
» l'arrachèrent (cette maison), aux environs de Jérusalem pour
» la rapprocher de Rome, qui grandissait chaque jour en
» importance dans l'esprit des nations. Un excès de reli-
» gieuse simplicité fit bientôt croire que les anges avaient
» de leurs mains apporté en Italie ces saintes dépouilles de
» la Palestine, quand les anges s'étaient, sans doute, bornés à
» protéger leur transport et leur conservation. » Vous auriez mieux fait, Monsieur, de vous en tenir à votre première
pensée. Il ne convient pas de trancher, et d'une manière si
cavalière, pardonnez-moi l'expression, une question que
l'on n'a pas étudiée; je dis pas étudiée, car vous ne vous
seriez pas exprimé de la sorte, si vous aviez lu ce qu'ont écrit
sur ce sujet, non-seulement les plus grands théologiens, tels
que Canisius et le père Alexandre, et les papes les plus
savans, tels que Benoit XIV, mais encore les critiques les plus
sévères, tels que le rigide Baillet, si connu pour la guerre
qu'il fit aux légendes, et le satyrique Rainaud qui composa
un traité sur les dévotions que ne comporte pas la piété
véritable. Certes, le sentiment de ces hommes mérite bien
que l'on y regarde à deux fois, quand on veut parler d'un
point qu'ils ont reconnu comme devant être nécessairement
admis sous peine de tomber dans un pyrrhonisme extrava-

gant. Il n'est pas jusqu'au sceptique Montaigne qui ne parle avec respect de la maison de Lorette, où il passa dévotement trois jours, et où il laissa un riche *ex voto* pour lui et sa famille.

VI. A la page 30, vous traitez de l'Immaculée Conception de la Ste-Vierge, et vous dites que « cette doctrine fut accré- » ditée en Italie et en Espagne, vers le 15e siècle. » Cette doctrine, Monsieur, est beaucoup plus ancienne : elle a été soutenue par St Amphiloque, St Ambroise, St Augustin, St Jérôme, St Fulgence, qui, comme on le sait, vivaient dans les premiers siècles. St George de Nicomédie, au 7e siècle, regardait la Conception Immaculée comme une fête d'ancienne date ; avant leur schisme, les Grecs appelaient Marie toute pure, sans tache et sans péché. A la note qui se trouve au bas de la même page, vous avancez que dès le 16e siècle « l'ancienne Sorbonne ne permit pas de mettre » en doute l'Immaculée Conception. » Si vous voulez prendre la peine de lire l'histoire de l'église gallicane, vous verrez qu'en 1387 l'Université de Paris exclut de son sein les dominicains, parceque ces religieux soutenaient dans leurs thèses que Marie avait été souillée par le péché originel.

Je passe à la page suivante (31) : « Aujourd'hui, dites- » vous, malgré le Concile de Trente qui a défendu de trai- » ter, de discuter la question de l'Immaculée Conception de » Marie, ce point de croyance, *sinè labe concepta*, jusqu'à » présent tout facultatif, tend à passer à l'état de certitude, » à l'état de dogme. » Le Concile de Trente n'a pas défendu de traiter cette question, selon que vous le donnez à en- tendre : dans la cinquième session, dans le décret sur le péché originel, il déclare qu'il n'entend pas comprendre parmi ceux qui naissent entachés de cette souillure, la bienheureuse et immaculée Vierge Marie, mère de Dieu, *beatam et immaculatam Virginem Mariam Dei genitricem :* ce sont ses expressions; il renvoie aux constitutions du pape Sixte IV qu'il renouvelle, lesquelles constitutions blâment ceux qui attaquent ce sentiment. Le Concile ne dit pas autre chose.

Vous n'aimez pas que l'on représente la Ste-Vierge autrement que tenant son fils entre ses bras, « dans l'attitude » qui nous la désigne comme la patronne de toutes les » mères. » Sans doute, l'Enfant-Dieu entre les bras de Marie, est le plus bel ornement qui puisse parer cette Sainte-Mère; mais si Marie est la patronne des mères, elle est aussi la patronne des vierges; et qui empêche de la montrer simplement vierge toute pure et sans tache? qui empêche de la montrer telle que l'a montrée Dieu lui-même, quand il dit à Satan qu'un jour elle lui écraserait la tête? Mais « cette » femme debout, écrasant un reptile, sur un globe qu'elle » éclaire et qu'elle réchauffe par une multitude de rayons » partant de son front et de ses mains, » vous craignez « qu'on la prenne pour une personnification nouvelle de la » Divinité, et qu'on lui rende des hommages qui ne sont » dus qu'au Créateur. » Rassurez-vous, Monsieur, tous les catholiques savent, comme vous et moi, que Marie n'est pas une divinité; ils ne la regarderont jamais comme telle; et si « les ennemis de l'Eglise romaine prennent de » notre tendance à matérialiser les qualités morales des plus » grands saints le prétexte de nous accuser d'idolatrie, » ces ennemis ne parlent le plus ordinairement qu'avec mauvaise foi. Les arts y perdront, dites-vous, mais est-ce que toutes nos images de la Ste-Vierge la représentent seule? Le culte de la Vierge-Mère est-il passé? Et d'ailleurs, comment nos artistes pourraient-ils représenter, avec moins de succès, la Vierge Marie, debout, les bras étendus, qu'assise et portant son fils entre ses bras? Le sauveur que Raphaël a peint debout, les bras étendus, sur le Thabor, que les autres artistes nous représentent seul, appelant à lui les malheureux, a-t-il plus mauvaise grâce que dans une autre attitude? Détachez de la Cène de Léonard de Vinci la figure du Christ : la pose de sa tête légèrement inclinée, de ses bras étendus, cette pose si parfaitement identique avec celle de la Vierge immaculée, empêchera-t-elle de faire de cette image un véritable chef-d'œuvre? Vous semblez regarder cette manière de représenter la Ste-Vierge comme une nouveauté; mais vous avancez vous-même (pages 29 et 30) qu'avant le cinquième siècle, elle fut toujours représentée seule, les mains jointes, la tête nimbée : pourquoi ne pourrait-on pas faire aujourd'hui ce qui, d'après votre opinion, était fait presqu'au temps des Apôtres? Je sais bien que vous m'objecterez peut-être que vous n'êtes point l'auteur de l'opinion critique que je combats ici, et que vous n'avez fait que la reproduire d'après M. le comte de Montalembert. Je m'incline, sans doute, devant le talent oratoire et littéraire du noble pair; mais il est permis de ne pas adopter toutes les opinions d'un homme quelqu'illustre qu'il soit d'ailleurs.

VII. A propos de cette opinion, permettez-moi de dire un mot de la preuve historique sur laquelle vous l'appuyez en partie. En avançant qu'avant le Vᵉ siècle, la Sainte-Vierge était toujours représentée seule, vous dites (page 26) : « L'Eglise » universelle ne s'était pas encore explicitement prononcée

» sur les qualifications à donner à la Vierge ; mais depuis
» les Conciles d'Ephèse et de Chalcédoine, la Vierge Marie
» fut pleinement reconnue comme mère de Dieu, et les
» artistes ne craignirent plus de la représenter tenant Jésus
» dans ses bras. » Vous ne vous offenserez pas, Monsieur,
qu'un prêtre ose rectifier les idées assez inexactes que vous
avez d'un Concile, qui décide en matière de foi. « Un Concile,
dit Bossuet, ne fait que déclarer que tels dogmes ont toujours
été crus et il les explique seulement en termes plus clairs
et plus précis. » Le Concile d'Ephèse a bien proclamé Marie
mère de Dieu ; mais cette déclaration ne veut pas dire,
qu'avant ce Concile, on ne sût pas encore à quoi s'en tenir
là-dessus. On lit dans l'Evangile que c'est de Marie que
Jésus vint au monde ; dans leur symbole, les Apôtres
proclament que Jésus est né de la Vierge Marie. Quand
Nestorius soutint qu'elle devait être appelée mère du Christ
et non pas mère de Dieu, on était d'accord sur les hautes
prérogatives de Marie, comme on l'est aujourd'hui. De ce que
le concile de Trente a déclaré que le sacrement de Pénitence
remet les péchés, faut-il en conclure qu'avant ce concile
l'effet de ce Sacrement n'était pas pleinement reconnu ?

Ai-je besoin, Monsieur, en terminant cette lettre, de vous
protester que je vous adresse ces observations sans aucun
sentiment d'aigreur : je serais fâché d'y avoir écrit un mot
qui pût seulement être désagréable à un homme qui fut
honoré de l'intimité du sage prélat dont je vénère la mémoire.

Veuillez recevoir ,

Monsieur,

L'assurance de ma parfaite considération.

CAPELLE,

Prêtre auxiliaire du Diocèse de Cambrai.